乔伊的
建筑课

〔美〕安德里亚·贝蒂 著　〔英〕大卫·罗伯茨 绘　兆新 译

天津出版传媒集团
新蕾出版社

建筑师，建筑师，你看见了什么？
我看见了空间，看见了它可能的样子。

建筑师，建筑师，你是做什么的？
我先有一个想法，然后把它变成现实。

图书在版编目（CIP）数据

乔伊的建筑课 ／（美）安德里亚·贝蒂
(Andrea Beaty) 著 ；（英）大卫·罗伯茨绘 ；兆新译
. —— 天津 ：新蕾出版社，2022.6
书名原文：Iggy Peck's Big Project Book for
Amazing Architects
ISBN 978-7-5307-7354-3

Ⅰ．①乔… Ⅱ．①安… ②大… ③兆… Ⅲ．①建筑学
－少儿读物 Ⅳ．① TU0-49

中国版本图书馆 CIP 数据核字 (2022) 第 089411 号

津图登字：02-2022-090

书　　名：乔伊的建筑课 QIAOYI DE JIANZHU KE
著　　者：[美] 安德里亚·贝蒂
绘　　者：[英] 大卫·罗伯茨
译　　者：兆　新
责任编辑：潘晶雪
特约编辑：秦　方　高思纯
美术编辑：徐　蕊
内文制作：王春雪
责任印制：万　坤
出版发行：天津出版传媒集团
　　　　　新蕾出版社
http://www.newbuds.com.cn
地　　址：天津市和平区西康路 35 号（300051）
出 版 人：马玉秀
电　　话：总编办（022）23332422
传　　真：(022) 23332422
经　　销：全国新华书店
印　　刷：北京富诚彩色印刷有限公司
开　　本：635mm×965mm　1/8
字　　数：35 千
印　　张：12
版　　次：2022 年 6 月第 1 版　2022 年 6 月第 1 次印刷
书　　号：978-7-5307-7354-3
定　　价：68.00 元

世界上最伟大的建筑师

（在这里画出你的自画像或贴上你的照片）

祝贺你！

如果你曾经用普通积木、乐高积木或糖果包装纸搭建过任何东西，那么你已经是建筑师了……就像乔伊·派克一样！这本书可以帮助你成为一名更好的建筑师。运用书里的空白部分发挥你的创意，去想象、画画、提问、涂鸦、创造！

祝你在探索建筑梦想的过程中玩得开心。你可以和别人分享你的创意，或者把这本涂鸦书自己保存起来。一切由你决定。

这本书是属于你的！

乔伊想当建筑师

仅仅两岁的时候，乔伊·派克就喜欢上了建筑。他用纸尿裤和胶水搭建了一座高塔，让妈妈非常惊讶，后来她才意识到那些纸尿裤是用过的。天哪！

小乔伊用他能找到的各种东西创造了许多建筑奇迹——他用泥巴建造了狮身人面像，用桃子和苹果搭建了大教堂和小礼拜堂。

他甚至用煎饼和椰子派建造了圣路易斯拱门。乔伊研究了各种建筑，他搭啊建啊，搭搭建建……直到小学二年级。

乔伊上二年级时，他的老师莱拉小姐不喜欢建筑。她曾经有过一次跟一幢摩天大楼、一个法国马戏团、几块奶酪和一部电梯有关的可怕经历。这些东西本身是好的，可当它们聚到一起时，就变得非常非常可怕。

作为一名老师，莱拉小姐想让她的学生远离所有危险的东西，尤其是建筑。开学第一天，莱拉老师就告诫她的学生："不许在班里讨论建筑！"

可是乔伊并没有听，他正在教室后面用粉笔搭建城堡。

"乔伊·派克！"莱拉老师说，"马上停下来！你是不是想去见校长？"

"不，老师。"乔伊说。

乔伊的心情跌到了谷底。他最喜欢学习建筑，如果不能搭建东西，二年级将会无聊透顶。

一天，乔伊的班级去蓝溪河畔野餐。他们走上一座小栈桥，向河中央的一个小岛走去。乔伊走在队伍的最后面。

就在乔伊踏上小岛的一瞬间——咔嚓！哗啦！栈桥倒塌，坠入湍急的河水中。全班人都被困在了小岛上！

"救命！"莱拉老师大声呼喊，"我们被困住了！天哪！"

莱拉老师晃了晃身子，眼睛一闭——咣当！她晕倒了。

班上的同学都惊呆了，他们不知道该怎么办才好。

乔伊望着湍急的水流和遥远的河岸，又看了看他的同学们，然后看到了莱拉老师的鞋。

乔伊有了一个主意！

他在地上画出了自己构想的蓝图。全班同学都加入进来实现它。

莱拉老师醒来时，看到了惊人的壮举。

她看见一座漂亮的桥横跨在水面上。

这座桥简直是一个建筑奇迹。它由鞋子、树根、果皮、绳子，甚至一些不好意思说出口的东西建成！（比如桥顶端的蓝色小旗子！）

当莱拉老师走上那座桥时，她明白了乔伊有一种伟大的天赋和激情，应该与所有人分享。

那天之后，乔伊开始跟所有同学和莱拉老师谈论建筑知识。莱拉老师意识到：对一个二年级的孩子来说，没有什么事比搭建一个梦想更重要。

乔伊为建筑设计收集了各种各样的东西。

下面是他找到的一些有用的物品，他称之为**"建筑师宝藏"**。

或许你也会发现它们很有用。

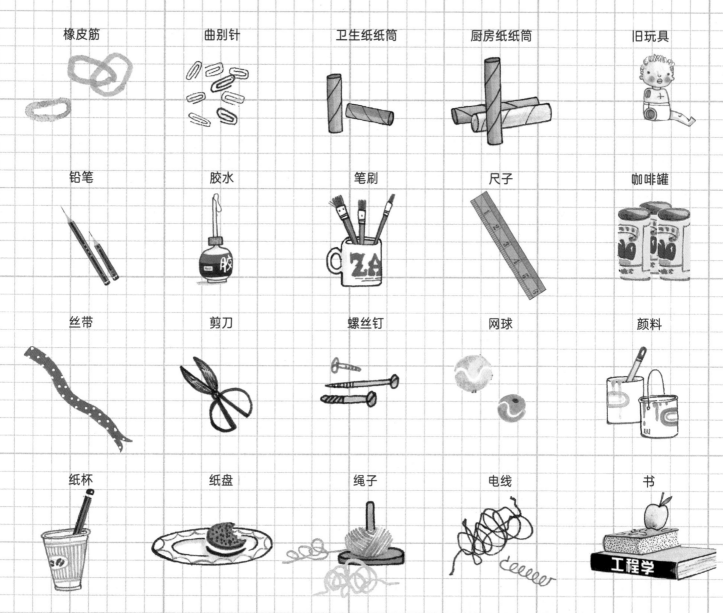

橡皮筋　　曲别针　　卫生纸纸筒　　厨房纸纸筒　　旧玩具

铅笔　　胶水　　笔刷　　尺子　　咖啡罐

丝带　　剪刀　　螺丝钉　　网球　　颜料

纸杯　　纸盘　　绳子　　电线　　书

胶带——各种各样的胶带，
包括强力胶带、封箱胶带、双面胶带、
透明胶带、美术胶带、遮蔽胶带和电工胶带，
每种胶带都有自己的用途。

装谷物、苏打饼干、曲奇饼和燕麦片的
纸盒和塑料罐都很有用。

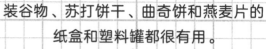
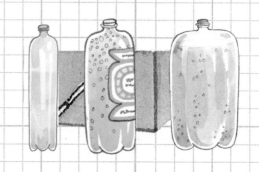

易拉罐 　　　　 塑料杯 　　　　 布料

吸管 　　　　 包装纸纸筒 　　　　 铝箔

彩纸 　　　　　　　　　　 干意大利面和其他面条

更多建筑师工具箱里的物品：

（仅在大人允许的情况下才能使用）

卷尺 　　　　 三角板 　　　　 坐标纸

绘图铅笔 　　　 绘图胶带 　　　 记号笔套装

丁字尺

怎样能找到建筑师宝藏？

你可以通过多种方式找到很棒的东西，将它们用到你的建筑上。

- **可回收利用的物品**：纸盒、旧玩具、饮料罐、牛奶罐、塑料盖，以及你家里可能会扔掉的其他废品。使用前要征得家人同意，并确保它们干净、安全。

- **清仓卖场和旧货市场**是好地方，你可以在那里寻找有用又便宜的物品。给旧东西找到新用途，让它远离废物填埋场！

- 和你的建筑师朋友**交换宝贝**。

- 如果找不到可回收利用的物品，可以去**五金店或缝纫店**看看，或许会有所收获。

注意，在使用尖锐工具或碎片时一定要小心！

确保有大人在身旁！

让你的建筑师宝藏井井有条

宝贝随处可见，可并不是所有东西都是宝贝。要选择安全、干净、有用的物品。
好的收藏，不仅要多种多样，还要井井有条。

为什么要整理你的工具和宝贝？

- 可以让它们保持良好的状态，从而延长使用寿命。

- 在需要的时候，可以很方便地找到要用的物品。

- 可以省钱，因为你不必购买已经拥有的东西。

- 可以让你腾出地方，进行发明创造。

- 避免你的脚被扎到。

这里有一些小贴士：

- 把空鞋盒装饰一下并贴上标签，放到你的床下或架子上，用以收纳物品。

- 把相似的物品放在一起。

- 干净带盖的小玻璃瓶非常适合装螺丝钉、螺栓，或者橡皮筋、细绳子之类的小物件。透明的罐身让所装物品一目了然。

- 放在门后的干净塑料鞋架可以使物品井然有序，容易查找。

- 从五金店买来的带挂钩的挂板，可以用来悬挂工具或成卷的丝带。

- 从五金店或缝纫店买来的磁条，可以吸附收纳金属剪刀或其他金属工具。

- 空罐子也可以用来装工具，装饰罐子也很有趣。当心锋利的罐子边缘！用装饰纸和丝带把它包起来吧。

在制作东西的时候要时刻注意安全。你可以戴上护目镜来保护眼睛。

建筑师总是很小心！

别忘了这些！

你会把什么特别的东西添加到
你的建筑师宝藏中呢？

_____

_____

_____

_____

_____

_____

_____

_____

_____

_____

_____

_____

_____

_____

_____

_____

_____

_____

_____

乔伊最喜欢的建筑

1. **比萨斜塔**，意大利比萨城大教堂的独立式钟楼，以其不可思议的倾斜闻名世界。

2. **帝国大厦**，一座 102 层楼高的摩天大楼，位于纽约曼哈顿中心第五大道 350 号，在西 33 街和西 34 街之间。

3. **圣保罗大教堂**，英国圣公会教堂，坐落在英国伦敦市的最高点卢德门山山顶。

4. **胡夫金字塔**，埃及现存规模最大的金字塔。在世界七大奇迹中，它是唯一大体保存完好的建筑。

5. **巨石阵**，位于英国威尔特郡，是中古七大奇迹之一，也是欧洲著名的史前遗址。

6. **悉尼歌剧院**，位于澳大利亚悉尼，是世界著名的表演艺术中心。

7. **罗马斗兽场**或称罗马竞技场，位于意大利罗马，用混凝土和沙子建成，是古罗马时代最大的竞技场所。

8. **新天鹅堡**，位于德国巴伐利亚州，在 1869 年至 1886 年间为路德维希二世建造，它耸立在陡峭的悬崖上，背后映衬着风景秀丽的山峦。

9. **帕特农神庙**，希腊雅典卫城的古代神庙，供奉女神雅典娜。

1931年竣工

除顶部天线外高381米

共102层

建于1869年—1886年

建于1173年—1372年

建于1675年—1710年

约始建于公元前2600年

约建于公元前3000年—公元前2000年

不是很高

建于72年—80年

建于公元前447年—公元前432年

建于1959年—1973年

关于建筑

建筑使每个地方独一无二，反映了那里的历史、资源、工业和环境，
也反映了当地居民的生活方式和个性特征。

仔细观察下面这些地方。对于这些地方和住在这里的人们，你有什么发现？
人们做什么工作？这里的天气怎么样？人们能用什么材料来盖房子？

在这里写下你的笔记：

_____

_____

_____

_____

_____

_____

_____

关于建筑师

建筑师搜集创意，并将其应用在建筑中。他们会问很多问题，并在设计中运用许多基本原则。下面是一些重要的原则。

对称·韵律·运动·强调·对比·统一

对称

建筑师使用对称来创造一种稳定感，有时候则用不对称来表现活泼有趣。

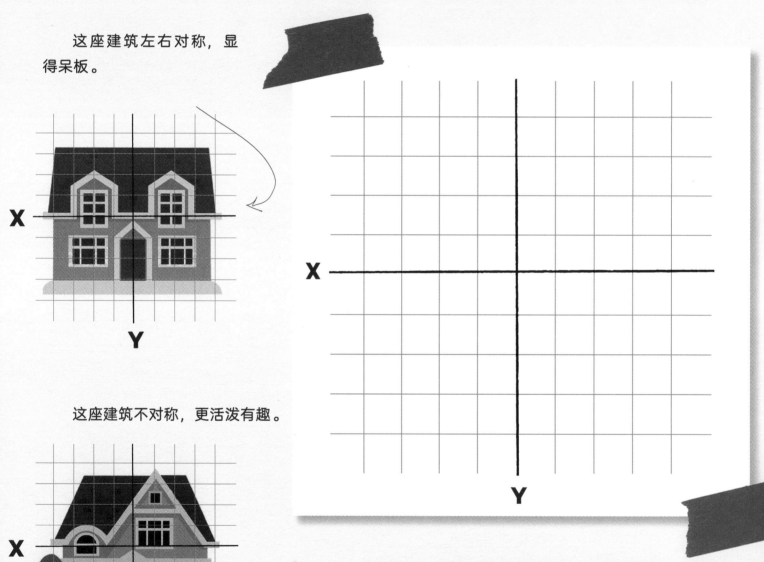

这座建筑左右对称，显得呆板。

这座建筑不对称，更活泼有趣。

你能对左上图的房子进行改造，改变其对称性，使它看起来更活泼有趣吗？

韵律

建筑物像音乐一样，可以形成风格或韵律。

韵律可以像这样有规律，或者像这样有层次，

或者像这样是随机的。

一些建筑（如游艇别墅）可以真的移动。你能设计一座建筑，使用很多曲线来增加其运动性吗？

运动

大多数具有运动性的建筑物实际上并不能移动，它只是能令你的视线从一个点移向另一个点，从而把你的目光拉向建筑物整体。金字塔就是一个很好的例子。你的眼睛可能一开始看着底部，但很快，你的视线又游走到顶部。有韵律的设计可以增加运动性。

强调

有时，建筑物的一部分比其他部分突出。突出的这部分就是强调。比如右边这个例子，清真寺的宣礼塔就很突出。

对比

对比是指设计的一部分和其余部分截然不同，可能是形状、颜色、大小。比如这个圆顶的颜色就与清真寺其他部分的颜色不同。

你能设计一座房子，突出其中一部分，与其他部分相区别吗？

统一

统一是指在整个设计中协调使用纹理、材质或颜色。

选择一座你熟悉的、使用了相同材料的建筑，仔细观察它的外观，它是用石头还是木头建造的？

你能画出一座在设计上具有统一性的建筑吗？

建筑师的单词搜索

你能在下面的字谜表里，找到右边列出的所有单词吗？

（如果你需要帮助，答案在第 94 页。）

```
B T R Q T A P X M A U E I O N J
A G F S G I N D U K R Q T E L E
L A E A U T Y M O C I V B L M E
A P R T L M O V E M E N T U R I
N O K C R T L P T I C A L Q I W
C W Q E H O Z L E M P H A S I S
E E M L A I M H S C A L E P H R
C R U E W K T A I E R W A Y E V
A T E X T U R E N N A O Z A C O
L M Z T P R W V C E O U L G Y D
Y T C R L K D K A T S C H E M I
L P B O Y I O R Z R H Q K O U D
Q C V N A U C L E A R R U Q A M
A R C H I T E C T U R A L E N G
V E U C X G G R E M U M D L M Y
Y U B S P L A N L E C S T Y L E
```

ARCHITECT（建筑师） UNITY（统一） COLOR（颜色） ARCHITECTURAL（建筑的）
BALANCE（对称） SHAPE（形状） LINE（线条） ENGINEER（工程师）
RHYTHM（韵律） FORM（形式） TEXTURE（纹理）
EMPHASIS（强调） GOTHIC（哥特式） BLUEPRINT（蓝图）
SCALE（比例） ROMANESQUE（罗马式） PLAN（计划）
MOVEMENT（运动） STYLE（风格） CONTRACTOR（承包商）
CONTRAST（对比） ORNAMENTATION（装饰） NATURE（自然）

```
R C T T N A T U R E S R I N B
C O N T R A C T O R A L S U L
O T R O N I C A K T L O L A N
L L M C O N T R A S T A C O E
O F Q H K M I A M K C I I R I
R C A L I N E Q U I G T A U U
Q O H R U A L R N R A W P X G
O F U U H N F A U T T T U O O
T I N A L B H M N F N X K F T
C J I P P C H E O I S Y R T H
L I T D E T M S R G I K M A I
U P Y M Y A J P H J N U J O C
W E L H N C E K M Q E R B G T
E E R R E U X D F O R M C E S
F N O K L P T H M L V S N Y Z
I N U B A T E S H A P E D A N
```

建造蓝溪镇

建筑师能够帮忙建造整个社区。现在给你个机会，请你来设计和建造乔伊的家乡——蓝溪镇。

发挥想象，用上你的建筑师宝藏，先按照接下来的几页说明建造所有建筑物。

然后，用你喜欢的方式呈现出蓝溪镇的整体视觉效果图。

想想你将怎样设计住宅区，它们会挨着工厂吗？重新布置你的模型，看看是否有其他更好的设计效果。

祝你玩得开心！

这里有一些小贴士：

- 给你的建筑物使用相近的比例。一个小工厂和一个大房子放在一起是不协调的。试想一下这些建筑在同一个小镇里的场景。

- 小镇里不光有建筑物，你可以用蓝色的纸或布料来呈现水体（河流、池塘、湖泊、海洋）。

- 使用绿色的纸或布料来表示公园、森林或花园等绿地。

- 用卫生纸或厨房纸纸筒制作树木，用皱纹纸、布料或其他物品来添加叶子和花朵。

- 用灰色的纸或布料来表示道路。

画在这里：

学校

　　乔伊、阿达和罗西都是蓝溪小学的学生。你觉得这所学校是什么样的？它有图书馆吗？有操场吗？有多少间教室？它是高大的，还是低矮的？它是圆形的，还是三角形的？它是紫色和有波点的吗？

　　想想你自己的学校，还有什么是必需的？你可以把它们添加到蓝溪小学里！

　　在上面的空白处画出你的设计，然后利用你的建筑师宝藏搭建出模型。从学校开始，制作整个小镇的模型吧！

图书馆

图书馆是一座小镇的心脏，昭示着这座小镇重视知识和智慧。图书馆里有书架和阅读区，有电脑可以检索图书，有地方可以上课，这里还是和朋友见面的好场所！

在空白处画出你的图书馆设计图，然后用你的建筑师宝藏搭建一个模型。把图书馆模型添加到你不断扩充的蓝溪镇模型中！

画在这里：

工厂

蓝溪镇的人制造什么？在这里设计一两个工厂。用你的建筑师宝藏搭建你设计的工厂模型。

画在这里：

办公楼

有的人在工厂上班，另外一些人在办公楼里工作。你能设计出一座办公楼，来容纳各种各样的公司吗？有什么公司呢？猴帽子公司？奶酪喷雾公司？

画在这里：

画在这里：

商店

蓝溪镇的街道上遍布有趣的商店。在这里设计一个吧，别忘了搭建模型！

你设计的商店是卖什么的？香蕉、糖果，还是香蕉形状的糖果？注意，设计商店建筑时，外观要体现出商店里卖的是什么。

政府大厅

政府大厅是镇长和其他官员会面，并为市镇制定规章条例的地方，也是公民投票和获得建筑许可的地方，有时甚至还可以当作法庭！

政府大厅是重要的建筑物。你的设计应该让它脱颖而出！

画在这里：

动物园

罗西的叔叔是蓝溪镇的动物管理员，乔伊经常和罗西一起去看望他。你能设计一座动物园吗？你将怎样把蛇和大象隔开，又怎样安置长颈鹿呢？

画在这里：

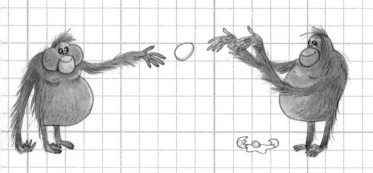

消防局和警察局

每个城镇都需要消防员和警察来保护居民的安全。你能设计一处包含消防局和警察局的地方吗？

画在这里：

其他建筑

蓝溪镇还需要什么其他建筑？你能设计出来吗？也许你会设计一座教堂、一个音乐厅或一个博物馆。

画在这里：

现在你的市镇该建完了

尽情地调整、重新规划吧。在这里画一张规划图。

关于线条

建筑师使用线条、颜色、空间、纹理、结构、形状和数据值进行设计。

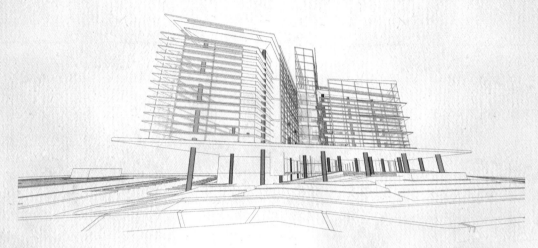

线条的走向各式各样：水平或弯曲，垂直或倾斜。

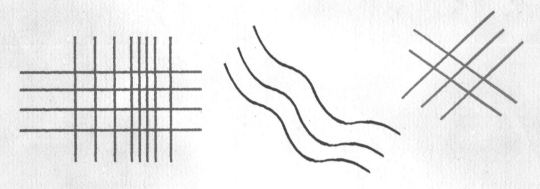

请你只用 25 条线画出一座了不起的桥，
每条线都不能超过 5 厘米。

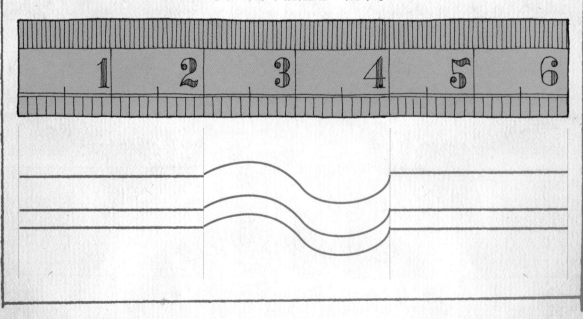

在这里画下你设计的桥吧！

乔伊建造了什么

一天，乔伊和妈妈去了五金杂货店。

他们需要买一些草籽种在乔伊搭建的狮身人面像上，以防大雨冲走上面的泥土。

在妈妈研究草籽袋子的时候，乔伊四处逛了起来。一小时后，他才被找到。

实际上，他当时非常非常忙。

"哇！"其他顾客惊呼道。

"天哪！乔伊！"
妈妈惊叫道。

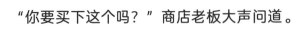

"你要买下这个吗？"商店老板大声问道。

想象一下乔伊会在五金店里找到的物品，你能把他可能建造的东西画出来吗？

建筑工程师

建筑工程师确保建筑的坚固和安全。他们清楚建筑中所涉及的工程挑战，
知道如何利用材料构建能够承受地震、狂风和其他力量的建筑。

建筑工程挑战

用 20 根生意大利面和 20 颗迷你棉花糖，
在两摞书之间搭建一座长 25 厘米的桥梁。
在桥面中央放上硬币或类似的小物件，来测试它的承重能力。
一枚接一枚地增加硬币。
这座桥在倒塌前可以承载多少枚硬币？
你能想出更好的设计吗？它能承载多少枚硬币呢？

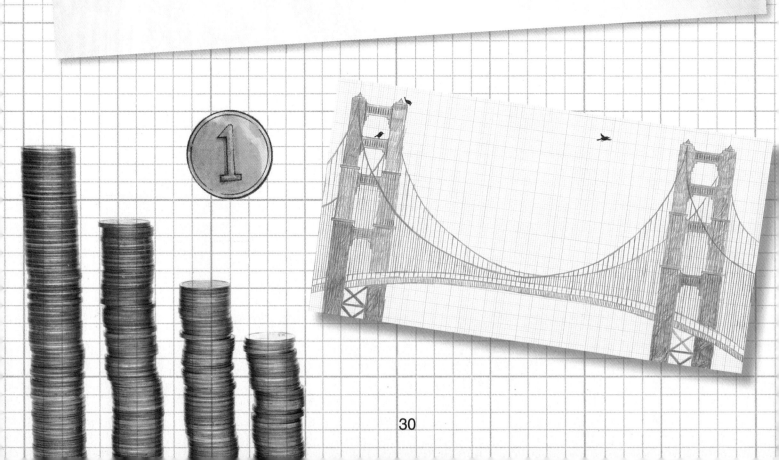

把它建高!

只用 20 根塑料吸管和 30 厘米长的胶带,
尽你所能搭建一座高大而稳固的建筑!

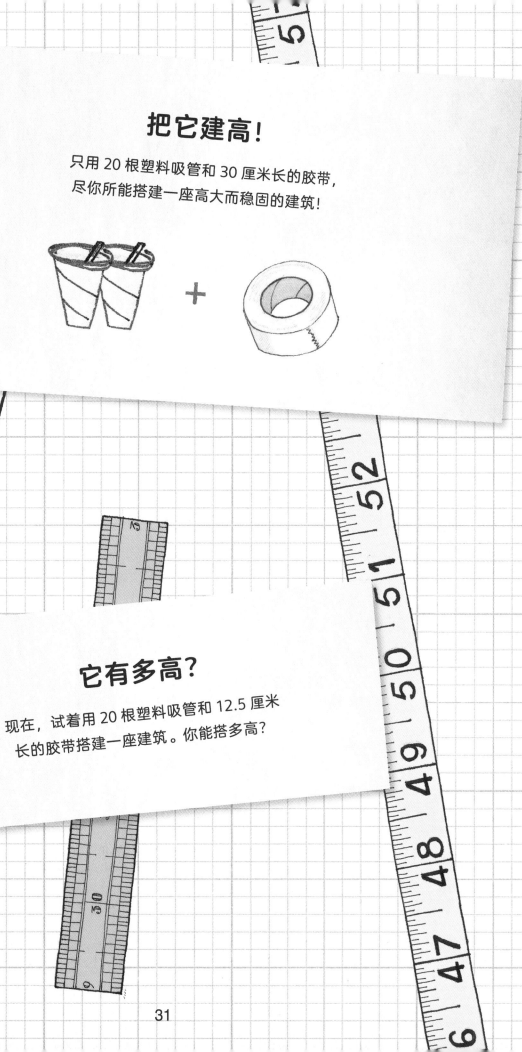

它有多高?

现在,试着用 20 根塑料吸管和 12.5 厘米
长的胶带搭建一座建筑。你能搭多高?

31

乔伊建造了什么

乔伊正在杂货店里找薯片，却被那些可能做建筑材料的物品吸引了。
你能想象出他搭建了什么吗？

画在这里：

发挥想象

如果你跟许多鳄鱼一起生活在沼泽地里，会是什么样呢？

地面太潮湿了，不适合建造房屋。你能设计一所树上学校吗？

这所学校有一栋房子还是许多栋房子？学生和老师（不能是鳄鱼）会怎样进入教室？

学校里要有图书馆、美术室、操场和教室。

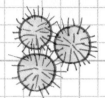
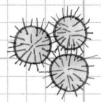

感官体验

我们感受一座建筑时会调用我们所有的感官。

这座建筑看起来很宏伟，用手摸摸，会有什么样的感觉？它的表面光滑吗？

粗糙吗？凹凸不平吗？有光泽吗？

我们还会运用到其他感官。比如给这个房子添加点东西让它闻起来很香，那么加一个花园，

一个香水扇，还是一个除臭系统？

给它添加点东西使它听起来很特别，加个风铃或是蜂巢？

把它们画在这里：

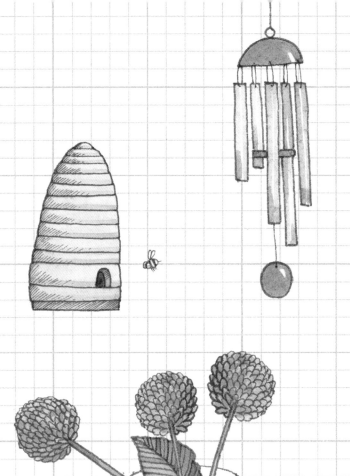

列出你家房子的用途：

_____

_____

_____

_____

_____

_____

_____

_____

_____

_____

_____

_____

_____

_____

_____

_____

　　建筑师在设计一座建筑时必须考虑很多事情，其中最重要的一件事就是这座建筑的用途是什么，它会有一种还是很多种用途呢？

善于倾听

建筑师善于倾听。请一个朋友或一名家庭成员描述他们想要什么样的房子，然后由你在这里为他们设计出来：

重新审视

把设计**展示**给你的家人或朋友看，**询问**他们的意见。

你的设计符合他们的要求吗？**倾听**他们的反馈。

可以用**提问**的方式，来确保你已经明白他们的需求。

在这里重新设计这栋房子：

最喜欢的事情

想想你最喜欢做的事情，你能设计一个房间，让你可以在里面做四件你最喜欢的事吗？
想想有没有巧妙的收纳方法，存放那些暂时不用的物品。

把它画在这里：

发挥想象

集装箱房屋：货运集装箱是为卡车、火车和轮船运载货物而设计的。

你能设计一个集装箱房屋吗？

在下面画出你的室内平面图:

画出它的外观:

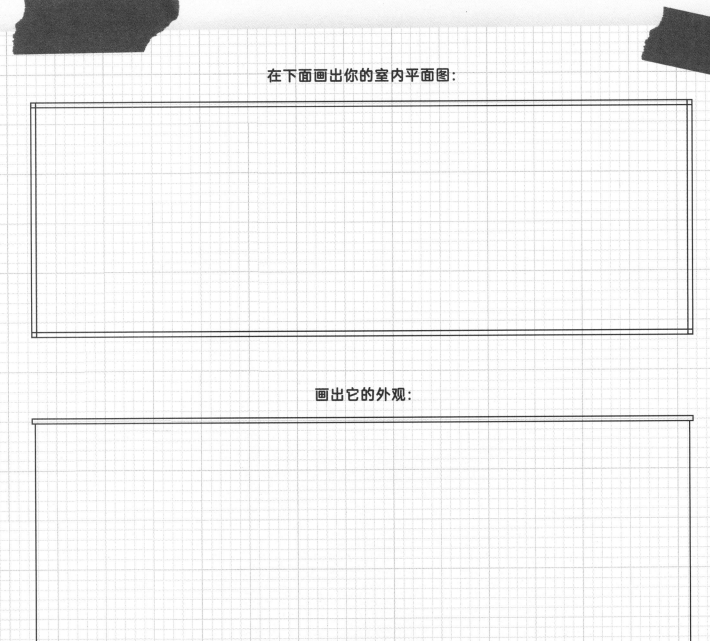

现实难题

战争、地震、干旱、台风以及许多其他人为灾难和自然灾害迫使人们离开家园。

在得到安置或返回家园之前，人们必须先找到临时住所。

没有人知道灾难会在什么时候、什么地方发生，

所以一些容易移动和组装的轻便避难屋被设计出来。

你能为寻求避难所的家庭设计一个临时避难屋吗？

它应该可以移动、易于安装、足够容纳一个家庭的所有成员，

并能够收集雨水和太阳能、风能或动能（从移动的物体中获取能量）。

把你的设计画在这里：

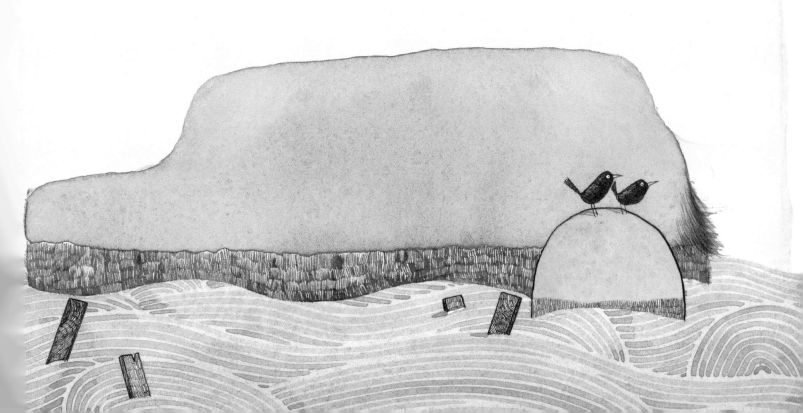

建筑有风格

建筑风格有很多种，一种风格可以在几个世纪或者仅仅几年中形成。乔伊喜欢研究建筑风格。
他最喜欢的两种建筑风格是哥特式和罗马式。

罗马式建筑是创立于中世纪欧洲的一种建筑风格，大约诞生于公元 1000 年。
这种风格的建筑师是模仿者，喜欢模仿古罗马建筑的特征，尤其是拱！

罗马式建筑中随处可见这样的圆拱：

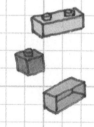

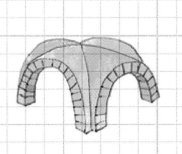

罗马式建筑中充满了圆拱。这个时期的建筑由大量的拱门、小窗户以及厚重的墙壁和墩柱组成。

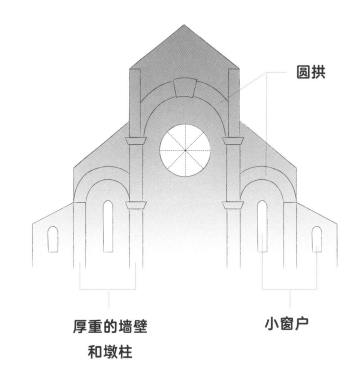

圆拱

厚重的墙壁和墩柱

小窗户

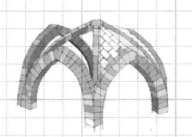

哥特式建筑是后来发展起来的,发源于 12 世纪,持续至 16 世纪。哥特式建筑用尖拱代替圆拱。屋顶一直向上、向上、向上!建筑师发明了飞扶壁来支撑高墙的重量。哥特式建筑还有能让光线照进室内的彩色大玻璃窗。

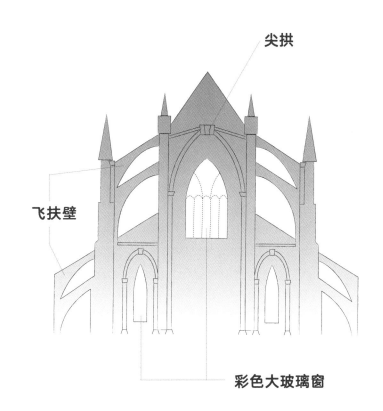

尖拱

飞扶壁

彩色大玻璃窗

哥特式建筑通常采用绘有故事的彩色玻璃窗，用铅条把小片彩色玻璃连接在一起，就连面部特征这样的细节也被涂绘在玻璃上。

给这些哥特式建筑的窗户涂颜色，然后自己进行设计。你可以用粗线或细线来分隔彩色玻璃片。

我不喜欢建筑

在乔伊带莱拉老师了解建筑之前，她一直不喜欢建筑。
你有没有尝试去喜欢新事物，即使你曾认为自己不喜欢它？

在这里把它画出来吧:

现实难题

气候变化正影响着世界各地的天气情况。
普遍的干旱增加了森林火灾的频率。

设计一个可以抵挡森林大火的家园:

乔伊建造了什么

乔伊可以用你房间里的物品搭建什么？

把它画在这里：

装饰设计

建筑的许多元素都是结构性的，决定着建筑物如何支撑自身。

而有些元素则是装饰性的，决定着建筑物的外观。

装饰随着建筑时代和风格的变化而变化，

可以从自然、历史、宗教、神话、艺术、音乐、几何或其他领域寻求灵感。

进行一项装饰设计吧，注意要有明确的灵感来源！

把它画在这里：

18—20 世纪：
波罗考兹清真寺，
位于乌兹别克斯坦

14—17 世纪：
法国文艺复兴时期青铜饰品

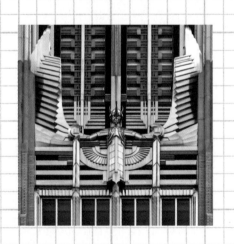

1925—1940 年：
美国装饰艺术

滴水兽是哥特式建筑中的常见装饰。这些雕像或令人毛骨悚然，或看起来生动有趣，它们蹲坐在屋顶或排水槽上，有排出雨水的作用。

为你的房子画一只滴水兽吧！

模仿

建筑物可以模仿其他东西，比如悉尼歌剧院模仿的是帆船。

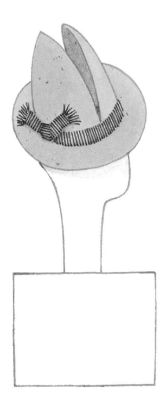

你能画一顶像房子的帽子吗？

53

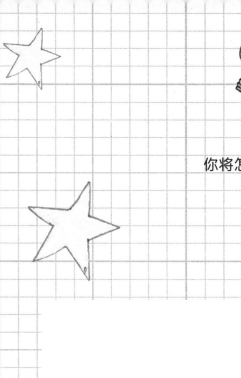

发挥想象

或许有一天，我们会在火星上生活。
你能设计一座火星上的住宅吗？
你将怎样解决空气、水、食物、休闲娱乐之类的问题？

在这里画出你的设计：

现实难题

水是一种有限的资源，必须加以保护。
设计一栋房子，可以收集雨水并能将其循环利用，
在能源使用上实现自给自足。
可以考虑利用太阳能、风能和居民活动产生的动能。

在这里画出你的设计。我们地球的未来掌握在你们手中！

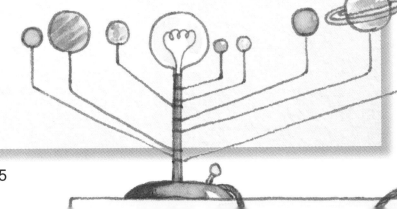

处处是灵感

大自然是灵感的源泉。

和许多艺术家一样，著名的美国建筑师弗兰克·劳埃德·赖特受到了宽阔平坦的草原的诸多启发。

这体现在他的建筑设计中，他常使用低矮的水平线和天然材料，例如石头。

弗兰克·劳埃德·赖特
美国建筑师
1867—1959 年

想想你喜欢大自然中的哪些地方。森林？湖泊？这些地方能激发你的灵感吗？
把你的创意画在这里：

你会读心术吗

你可能不会，承包商和建筑商也不会，他们需要从建筑师那里获得准确的指示，否则他们会建造出跟建筑师设想中完全不同的东西。

和朋友一起做：你先画一个小房子，不要给你的朋友看，而是用语言向他描述你的房子，让他在另外一张纸上画出来。朋友画出的房子跟你画的房子看起来像吗？

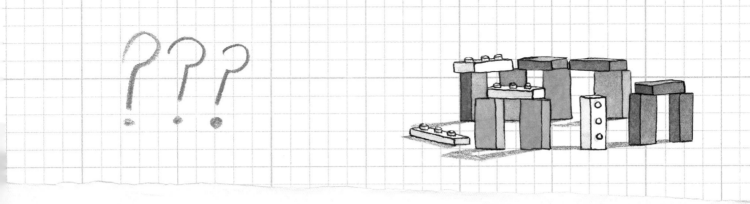

互换一下，看看你是否能画出你朋友描述的房子。

画设计图

建筑设计图通常被称作**蓝图**，这源于建筑师用来创作和复制设计图的特殊纸张。

建筑设计图使用符号来代表建筑的各个部分。

这些符号对于承包商和建筑商的沟通交流很重要，

对业主也很重要，因为它们精确地呈现了各结构是怎样组合在一起的。

以下是一些符号：

墙	窗户	开口	铰链门

楼梯	弧形楼梯	浴缸	独立水槽

马桶	淋浴	带柜水槽	洗衣机

冰箱	储藏柜	炉灶	烘干机

在这里使用符号来创作一个简单的住宅平面图：

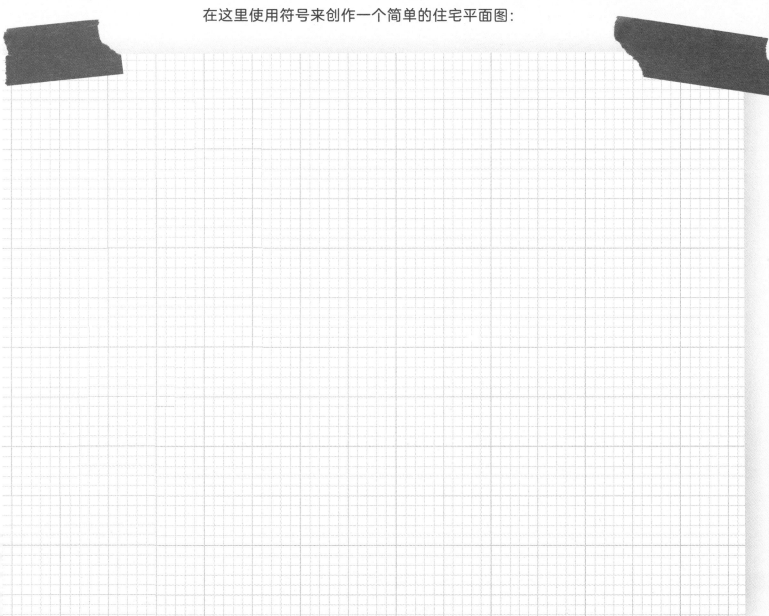

房间设施

房屋和建筑物里几乎都有家具（如桌子、沙发、床）和固定设施（如水槽、马桶、浴缸）。

建筑师在设计空间时必须考虑这些因素。

卫生间太小的话，就不太实用！

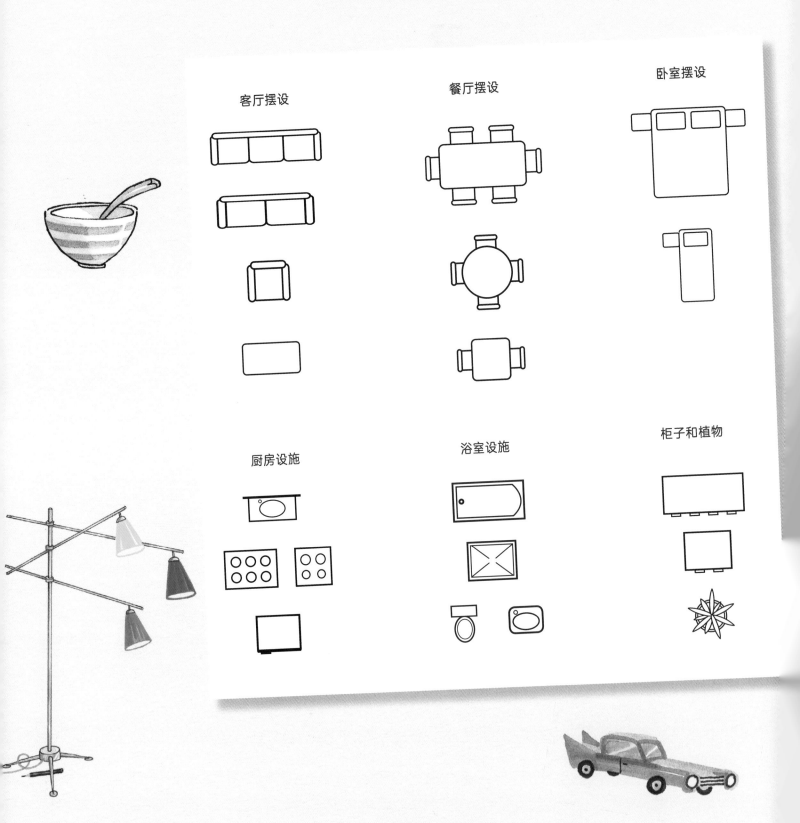

客厅摆设

餐厅摆设

卧室摆设

厨房设施

浴室设施

柜子和植物

你会怎样安排这个房子的家具和固定设施的位置？请你画在下图中。

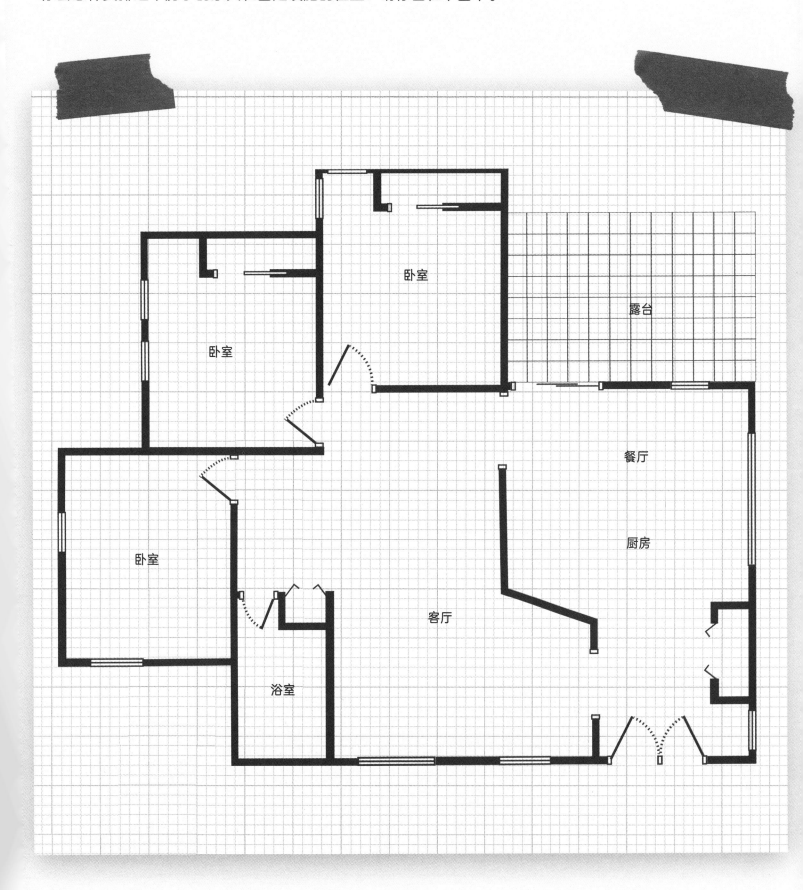

卧室

卧室

露台

卧室

餐厅

厨房

客厅

浴室

63

莱拉老师的家

莱拉老师买了这所小房子，但是她想拓展一下空间。她需要一个书房来放她新买的建筑、科学和工程方面的书。你能为她改造房子吗？

她现在的房子平面图如下所示。黑色部分代表承重墙，是用来支撑房子的，不能改变。其他的墙和设施（蓝色标注的部分）都可以很容易地移除。

你要怎样改造这所房子？

利用现成的材料

人们总是利用易于取得又数量充足的材料来建造房屋。

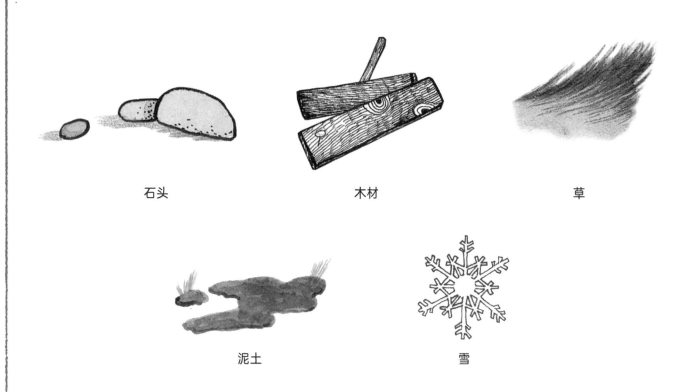

石头

木材

草

泥土

雪

乔伊有时会用从冰箱里找到的水果搭建房屋！

如果你生活在一个盛产糖果的地方，你会建造什么样的
房子？把它画在这里：

细节

不同样式的门窗呈现出不同的建筑风格。

一些窗户的样式：

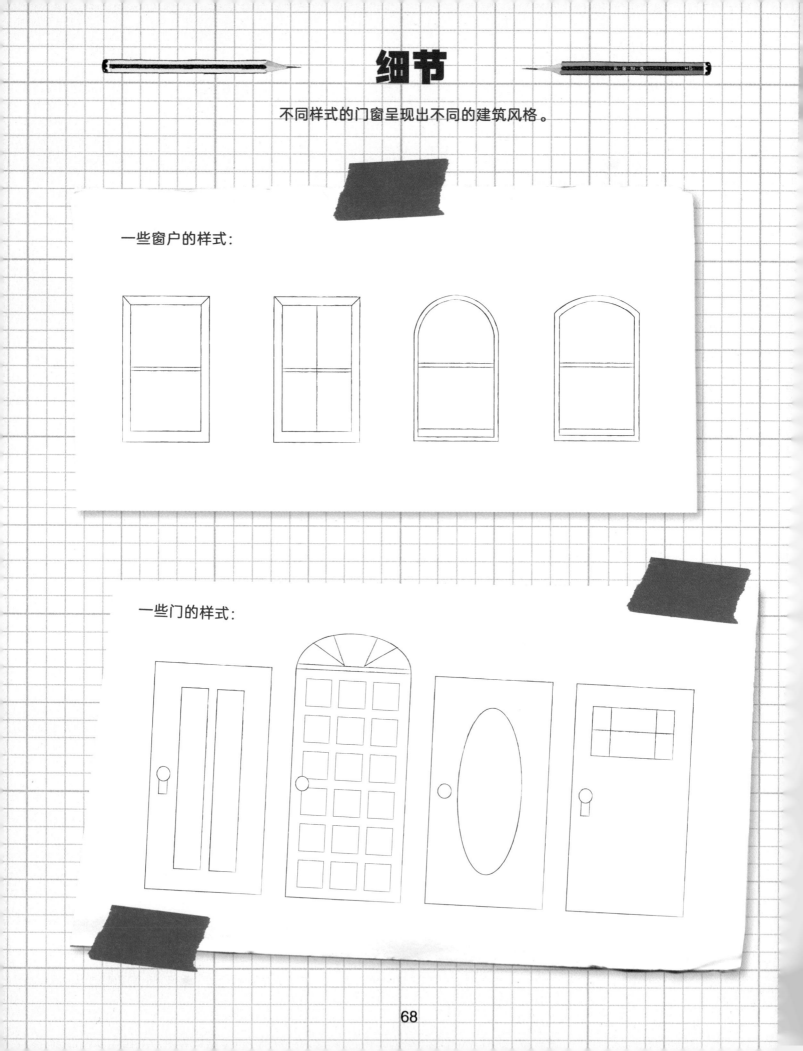

一些门的样式：

请你设计体现你自己风格的门窗样式。
把它们添加到一张简单的建筑外观图上，看看效果如何。

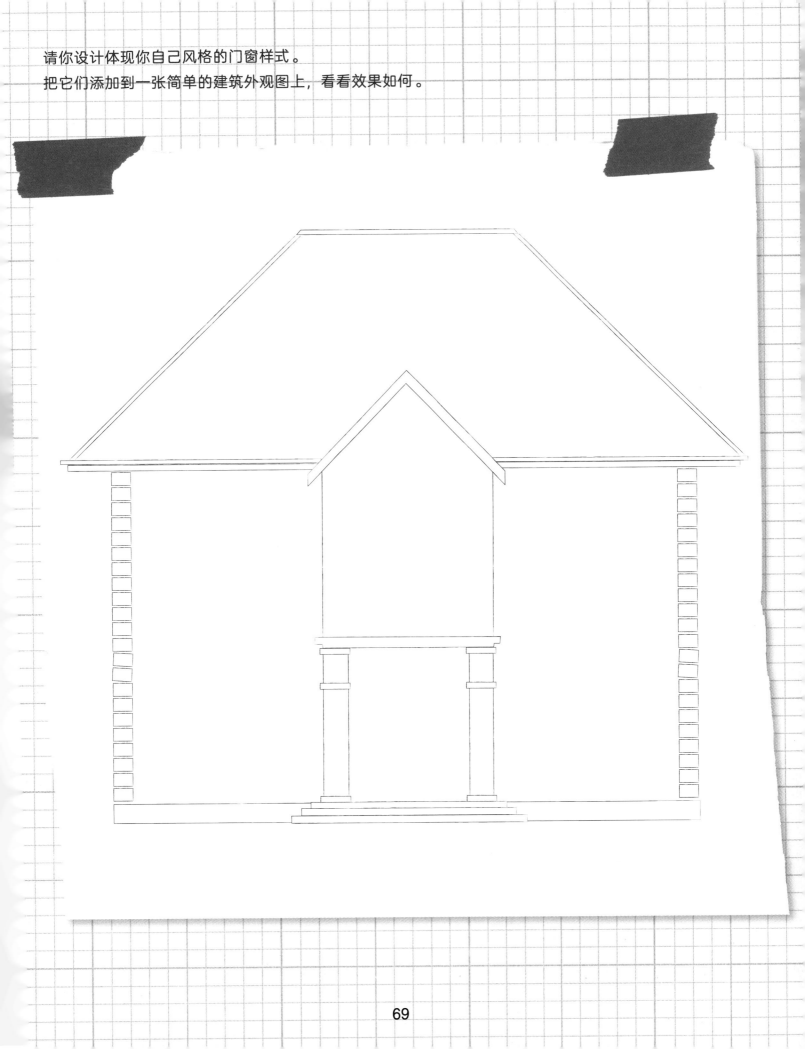

简洁还是繁复

每个时代的建筑都有自己的风格。
窗户、门、天花板、屋檐和其他建筑构件的装饰图案，
对建筑风格起到了重要作用。

这里是一些例子：

印度风格

洛可可风格

艺术装饰

在这里创作你自己的装饰图案：

如果把它添加到这个简单的门上，会是什么样呢？

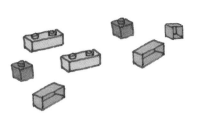

留白

有时候，留白是设计中最有趣的部分。
圣路易斯拱门高 192 米，两脚跨度为 192 米，
但最大的部分是中间的空洞。

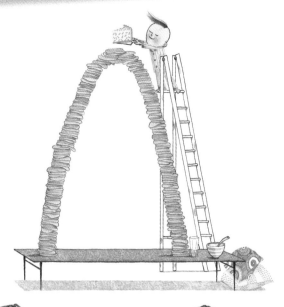

请你设计一座塔，使用留白来增加趣味：

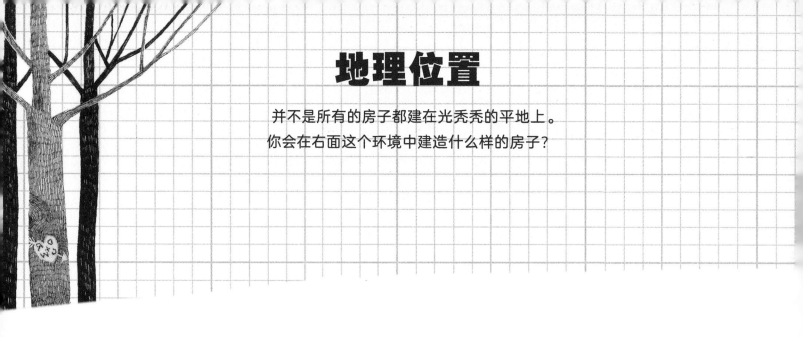

地理位置

并不是所有的房子都建在光秃秃的平地上。
你会在右面这个环境中建造什么样的房子？

　　想一想阳光、风和水，以及从不同角度看到的景致。你怎样进到房子里去？划船、开汽车、坐直升机、爬梯子，还是坐潜艇？

有弹性的房子

在橡胶球星球上，建造房屋的唯一资源是——
没错！你猜对了！——是橡胶球。

用橡胶球建造一座房子。使用不同颜色和大小的橡胶球，来增加建筑的趣味吧。要怎样做才能保证房子不被弹走呢？

乔伊建造了什么

蓝溪动物园正在改造南美洲展区。

在这期间，南美洲展区的动物们必须要在一起生活。树懒要与长颈鹿共享住所，但是目前行不通。你能设计一座临时建筑，让树懒和长颈鹿快乐地生活在一起吗？

奇思妙想

建筑随着新材料的发明而发展，想象一下未来用比空气还轻的浮砖建造的建筑会是什么样。

设计一栋浮在地面上的房子，从地面进入房子的方法也要设计好哟。

有个性的房屋

建筑师在设计房屋时要考虑居住者的个性、需求和能力。
你能设计一座外观有点儿吓人的小屋吗？

把它画在这里：

环保房屋

地球上资源有限，能源使用在建筑中是一个至关重要的考量因素。你能用这些节能物品设计一座环保的房子吗？

太阳能瓦片

想想可再生能源，如太阳能、风能和动能。水从哪里来，怎样使用，如何回收利用？

风力涡轮机

节能玻璃

屋顶花园

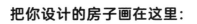

把你设计的房子画在这里:

建筑配对游戏

你能把每一座标志性建筑与其建筑师相匹配吗？

（答案在第 94 页。）

阿利耶夫文化中心	泛美金字塔	华特·迪士尼音乐厅

A. 安东尼·高迪	**B. 古斯塔夫·埃菲尔**	**C. 扎哈·哈迪德**
西班牙	法国	英国
1852—1926 年	1832—1923 年	1950—2016 年

圣家族大教堂 　　　　　 伊丽莎白塔 　　　　　 埃菲尔铁塔
　　　　　　　　　　　　（大本钟）

D. 威廉·佩雷拉
美国
1909—1985 年

E. 弗兰克·盖里
美国
1929 年—

F. 奥古斯塔斯·普金
英国
1812—1852 年

发挥想象

设计一座水下房屋：你将如何从海平面到达那里？

怎样才能承受海水的压力？居住在黑黢黢的海底怎么看见周围的东西？

可以使用什么能源？你将怎样避免巨型乌贼对房子的侵占？

乔伊建造了什么

乔伊正在海边，人们通常会在沙滩上建造沙堡，但乔伊认为自己能建造出更宏伟的东西。
你能想象一下他建造的是什么吗？

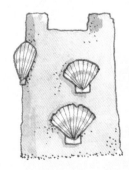

场景

什么样的建筑适合以下场景？

把你设计的建筑画在这里：

考虑其他因素

每个人对家都有自己的需求。现在，为一个使用轮椅的人考虑一下。打量你的房子，列出改进措施来帮助坐轮椅的人自己进出房子，并让他可以在房子里畅行无阻，让他可以毫无阻碍地做饭、洗澡、休息、睡觉和玩耍。

在这里列出你的改进措施：

_____

_____

_____

_____

_____

_____

_____

_____

_____

_____

在这里画出你的新设计图:

如果你为一个盲人改造房子，你会怎么做呢？闭上眼睛，试试你能否在家里轻松地行走。怎样重新设计房子，才可以让它适合盲人居住呢？

制作你的标志

专业的建筑师会用特殊的印章来标记自己的作品。
乔伊有自己认证的印章。你能设计属于你自己的印章吗？

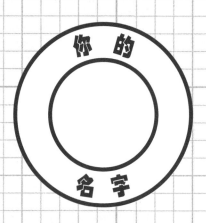

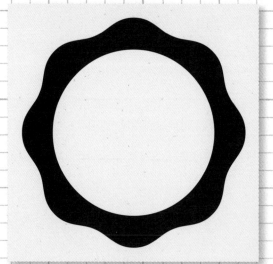

你是建筑师

在这里制订你的伟大计划：

_____

_____

_____

_____

_____

_____

_____

_____

_____

在这里画出你的梦想：

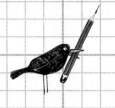

答案

第 16—17 页：

```
B T R Q T A P X M A U E I O N J R Z R C T T (N A T U R E) S R I N B
A G F S G I N D U K R Q T E L E N S (C O N T R A C T O R) A L S U L
L A E A U T Y M O C I V B L M E C H O T R O N I C A K T L O L A N
A P R T L (M O V E M E N T) U R I N G L L M (C O N T R A S T) A C O E
N O K C R T L P T I C A L Q I W J Y O F Q H K M I A M K C I I R I
C W Q E H O Z L (E M P H A S I S) K E R C A (L I N E) Q U I G T A U U
E E M L A I M H (S C A L E) P H R A L Q O H R U A L R N R A W P X G O
C R U E W K T A I E R W A Y E V I M O F U U H N F A U T T T U O T
A (T E X T U R E) N N A O Z A C O U S T I N A L B H M N F N X K F T H
L M Z T P R W V C E O U L G Y D M C J I P P C H E O I S Y R T H I
L P B O Y I O R Z R H Q K O U D K J U P Y M Y A J P H J N U J O C
Q C V N A U C L E A R R U Q A M W K W E L H N C E K M Q E R B G T
(A R C H I T E C T U R A L E N G I N E E R) R E U X D (F O R M) C E S
V E U C X G G R E M U M D L M Y D B F N O K L P T H M L V S N Y Z
Y U B S (P L A N) L E C (S T Y L E) A R I N U B A T E (S H A P E) D A N
```

第 82—83 页：

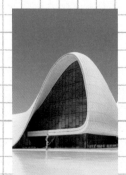

阿利耶夫文化中心	泛美金字塔	华特·迪士尼音乐厅	圣家族大教堂	伊丽莎白塔（大本钟）	埃菲尔铁塔
C. 扎哈·哈迪德	D. 威廉·佩雷拉	E. 弗兰克·盖里	A. 安东尼·高迪	F. 奥古斯塔斯·普金	B. 古斯塔夫·埃菲尔